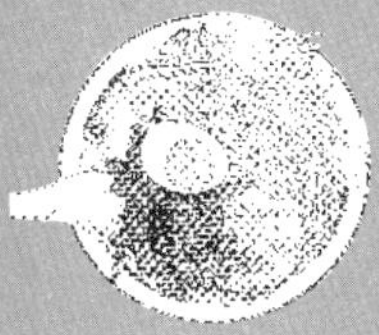

孤獨的美食家 2

五郎的異國食光

久住昌之／作
谷口治郎／畫
許慧貞／譯

一個人的美食，你今天想挑戰什麼？

黄國華

第一次在漫畫與日劇上看到這部作品的當下，我不禁皺起眉頭嘀咕著：「會有人想看中年大叔介紹美食嗎？」但萬萬沒想到，不只有人看，還從日本紅到了臺灣，許多赴日本自助旅行的臺灣人更是人手一本、按圖索驥，追隨主角井之頭五郎的味蕾與腳步，這股「孤獨美食」的浪潮引領著旅行者的小確幸——踏遍巷弄尋找庶民美食的不知名小店，也成為我書寫日本B級美食的最大動力。

漫畫主角井之頭五郎是個獨來獨往的自營貿易商中年男子，沒有上司、沒有員工、沒有同事、沒有情人，他經常得面對獨自用餐的孤獨時光，品嚐食物與記憶的聯結，以及環繞著食物的人間百態。

除了採訪美食以外，我每次到日本並不會安排任何吃的行程，和井之頭五郎同樣信奉著隨遇而安的隨緣態度，走到哪裡餓了就吃，不管什麼店，感覺對了就吃，每每誤打誤撞找到許多讓人難忘的庶民B級美食

最讓人難忘第一集中，井之頭五郎闖進了吉祥寺車站出口的天下壽司那一篇

故事。某年深秋，我獨自前往吉祥寺一帶出差，深秋的東京不到四點半就天黑，折騰了一整天飢腸轆轆的我，又恰好碰上一陣大雨，跌跌撞撞地跑進一家迴轉壽司店，心情、遭遇和氛圍恰好與五郎一樣。獨自用餐的五郎大叔在壽司店時既融入又有點抽離的感受，幾乎和我一模一樣呢！

本書的主題與其說是美食，倒不如說是「孤獨」。雖然後來拍成電視劇時為了討喜，而將片名改成《美食不孤單》，然而作者久住昌之透過畫面與文字，傳遞了現代人如何面對孤獨的心境，並透過一名中年大叔，讓讀者了解如何享受一個人的用餐，一個人如何對食材與餐廳產生「特殊抽離感」，如何更專注的面對食物，當少了與夥伴共食的愉悅時，又該如何悠然自得的享受一個人的生活。

不論讀者打算飛到日本按圖索驥做個「美食追星族」，還是只在家附近的巷弄小店大快朵頤，最後容我引用五郎大叔最常說的口頭禪送給大家：「今天要挑戰什麼？」一個人的美食，更有一番獨到滋味呢！

（本文作者為知名作家）

一個人吃飯並不孤單

褚士瑩

作為一個從少年時代就背著背包去旅行，從來沒有停止，也沒有打算停止的旅人，我相信旅行不只是拿著護照出國的時候才算數，我相信人生是一場大旅行，而每天都應該細分成一場小旅行。

一場很棒的旅行，要有好吃的食物，美的風景，還有擴展生命經驗的事件。所以如果把活著的每一天都當作「一日小旅行」那樣好好規畫行程，觀察身邊細微的變化，把每天的小旅行過得很棒，每天記得玩，每天學習給予、接受陌生人的善意，做一點讓世界能夠變得更美麗的事，而不是皺着眉頭趕行程，像有些傳統旅行團那樣，整天只是「上車睡覺、下車尿尿」。

當然，每天也都要至少吃到一樣很好吃的東西。至少，我是這麼規定自己的。

把每天的「一日小旅行」加總起來，無論有沒有出遠門，這樣的人生肯定是一場很棒的大旅行。

然而，無論是大旅行、還是小旅行，如果一個人，那一定很孤單吧？很多人甚至因為怕孤單，而放棄旅行。

日本漫畫家久住昌之的名作《孤独のグルメ》在臺灣出版時，聽說有一個小插曲。書名直譯為「孤獨的美食家」，當時久住先生曾經表示覺得這個名字有「違和感」，然而電視版取名為「美食不孤單」，久住先生卻覺得對了，人家問他為什麼，他的回答是：

「只要有美食為伴就不孤獨（おいしいものがあれば孤独ではない）。」

身為一個旅行者，一個上路時大多時候獨自吃飯的人，我覺得完全可以理解久住先生的意思。

好吃的東西，不一定在米其林三星餐廳裡，往往隱藏在市井巷弄之間，食物好吃不好吃，就像人生是否精采，沒有一套可以量化的公式或是科學的標準。對我來說，從超級市場貨架上拿下來，或是速食店的免下車窗口拿到的食物，即使味道還不錯，也很難讓我用「好吃」兩字來形容。

一道料理要好吃，除了要有好的食材，還必須要有人的溫度。

在食肆的買賣過程中，人的溫度有兩種表現，一種是「人情」，一種則是「職人魂」。

廚師料理食物的時候，考慮著即將吃下這道菜的人的狀態、心情，而特別做出來的料理，就有人情味。這跟寫作一樣。有些作家為了自我表達而寫，追求自己中的完美，暢快的說了自己想說的，並不顧慮讀者的感受。既然是自己精心準備的料理，當然是最好的，覺得好是應該，覺得不好肯定是水準不夠，萬一生意不好，肯定是高處不勝寒，才會曲高和寡。

可是好東西缺了一味人情，就沒有那麼好了。

職人魂，則是一種人生的熱情。如果賣吃的人，只是把「餐飲業」當成一份可以隨意取代的工作，並不真心喜歡自己手中料理出來的東西，這樣的食物就算有再精巧的技術，也絕對不會好吃。全心全意做自己喜歡的事，這種把自己當一回事的態度，無論販賣的是文字、手作工藝、食物，就會在作品中灌注靈魂，即使在技巧上有拙劣、有破綻，還是讓人萬分珍惜。

普通的東西多了一分熱情，就整個活起來。

所以就算一個人吃，但吃到的是每一口都加了人情和職人魂的溫度料理，怎麼會孤單呢？

我有一個用消費支持有機小農生產的朋友，他就算吃飽了，也總是堅持把每一粒米飯、每一片菜葉統統吃完，我問他為什麼，這朋友理直氣壯地說：

「如果我不吃完輕易扔掉，那不就代表了農人幾個月來從辛苦播種、除草、灌溉、收成、加工的所有努力，一點都不重要？還有用這些材料努力在廚房料理的人，他們在廚房流的汗，豈不都變得沒有價值了？」

當吃食物的人，也開始考慮生產者跟廚師的心情，就再也不只是一個顧客。就像當讀者揣摩著作者下筆時的心情，就再也不只是一個讀者。

這種彼此隨時考慮對方立場的互動，讓我們每一個旅途、每一頓飯，都不孤單。因為無論認識與否，隨時有人想著我們，我們也隨時想著他們，只要有人的溫度，一個人吃飯，一個人生活，從來就不是孤獨的。

（本文作者為國際NGO工作者）

是美食家，也是探險家！

蔡增家

久住在日本東京的人，總會有一種習慣，每當下班時刻，他們喜歡到巷弄當中尋找一種平凡，屬於庶民的美食，特別是在有如微血管般的曲折小路上，左看右探、尋尋覓覓，而通常也會在柳暗花明當中，找到一種屬於自己的意外驚喜。在日本巷弄中尋找餐廳，已經不只是一個美食家，更是一個探險家。

也許是隨興所至，一家看起來毫不起眼的日本料理店，走進去卻發現別有洞天，人聲鼎沸，早已高朋滿座。這是一個只有知己老友才知道的所在，也是一個識途老馬才會去的地方，因為，它充滿了故鄉的滋味與懷念，也有老闆那種屬於人的濃濃情意，讓人久久回味不已。這是日本庶民美食，最迷人的地方。

也許是一時興起，一家沒有高貴裝潢的異國料理店，走進去也許只有兩、三人，但是發現這些人也和你一樣，都是來尋找一種不一樣的人生滋味，儘管人不多，老闆的料理卻絲毫不打折扣，還充滿著一股濃濃的異國味，那是料理飄洋過海的鹹味，更是料理人漂泊一生的總和。這是日本巷弄美食，最讓人難以忘懷的地方。

日本是一個低體溫的國家，在人際關係的疏離下，它可以讓你有很多時間享受孤獨。我們看到日本餐廳到處充斥著一個座位，也只有在日本，一個人用餐是如此的理所當然、理直氣壯，不會招致旁人異樣的眼光；您大可以放肆的，孤獨的想著美食，孤獨的尋找美食，孤獨的吃著美食，而也只有在一個人的時候，才能夠毫無罣礙的與美食對話，想著食物是如何從產地到桌上，想著料理人為何如此處理這道美食，而在細細咀嚼美食的時刻，頓悟出一種人生的道理，那是眾樂樂時所無法享受的樂趣，也是一種孤獨之美。

有別於喧嘩吵雜的居酒屋，也有別於大排長龍的網路名店，巷弄的小店特別讓人享有屬於自己的空間與寧靜。你可以冷眼旁觀社會百態，聽著一旁情侶的恩愛對話，抑或鄰桌同事大啖辦公室八卦，當然，也想著鄰桌人為什麼和自己一樣，孤獨的一個人用餐，那是一種不言而喻的心靈相犀，也是一種孤獨之樂。

十八年前，久住昌之與谷口治郎的《孤獨的美食家》，以簡單的小人物——五郎來介紹日本各地的美食，五郎的喃喃自語，鋪陳了人與食物的對話，五郎眼中所及的觀察，則洞悉了社會人生百態。這讓許多喜歡美食的人，不用上街就可以遍嚐各地美食，也讓享受孤獨的人，可以透過五郎的經歷，來體驗孤獨的美感。

久住昌之與谷口治郎習慣於用平凡的人物，來製造不一樣的人生經歷，也喜歡用平鋪的劇情，來講述人生的哲理，每次看了之後，總是能夠讓人細細回味再三，美食家把它當成一本日本美食指南，孤獨家把它當成是一本享受獨處的葵花寶典，哲學家更把它當成觀察社會百態的百科全書，這是《孤獨的美食家》最迷人之處，也是《孤獨的美食家》至今仍大為叫座的主要原因。

而睽違多年，在眾漫畫迷的盼望下，《孤獨的美食家》終於出版第二部了！與第一部相同的是，它仍然不脫美食料理，卻多了異國料理風情；它仍然是五郎的喃喃自語，可是它更增添了五郎濃濃的回憶；它仍然是五郎的冷眼旁觀，卻出現曲折感人的劇情。

讓我們跟隨著五郎的腳步，來當個美食家，也當個探險家吧！

（本文作者為政治大學國際關係研究中心教授）

第1話——湯關東煮

靜岡縣靜岡市青葉橫丁

唔，
好冷。
早知道就穿外套。
白天明明都熱到流汗了，
是我太小看靜岡的天氣嗎？
明明櫻花都散落了。
先找點東西吃，
好讓身體暖和一點。
嗯？
這味道是……
關東煮……

青葉横丁
是這裡嗎？
這條街上全都是賣關東煮的……
嗯，
好香。
對了，
靜岡的關東煮很有名，
其中又以黑魚糕最有特色。
真想撒上柴魚之類的高湯粉來吃啊。
嗯。
可是，我又不喝酒，
實在很難踏進這種店。
我真脆弱，
內心已經完全被關東煮占據了。
有沒有……
適合的店呢？
喀唧
多謝招待。
很好吃吧？
嗯！好好吃喔。
那是……

……
唔，
如果是這間的話……
好。
可以用餐嗎？
是的。
歡迎光臨。
啊，太好了，裡面很溫暖。
呼。
那個，
我想點關東煮。
好。
不過，我們是湯關東煮，可以嗎？
咦？
是淋上沙丁魚粉調製的高湯嗎？
不是，
是那個。
我們的湯汁會有點辣，你嚐嚐看。
啊。
啊，好的。
請問，這裡有黑魚糕嗎？
我們
賣的是「烤海苔黑魚糕」喔。
咦？
啊！
呃，那麼……也來一份。
沒問題。

* 相～當辣的關東煮，限量 20 份

啊啊，好像來錯店了。
我想吃的明明是普通的靜岡黑魚糕。
也是有這種店呢。
會做一些多餘的事。
真想撒柴魚粉啊。
不過，這樣的失敗也是旅行的一部分……吧？
來，
讓您久等了。
啊，
謝謝。
湯汁有加辣，吃的時候請小心。
請你慢慢喝湯，邊配著關東煮吃。
好。
呼
呼
啜飲

哦！
這個真好吃！
呼
呼
嚼
嚼
嗯。
嗯！這下身體就暖起來了。
呼
呼
老闆好像不是用芥末醬，而是將辣椒融在湯頭裡。
哈
呼
咕嚕
第一次吃到這樣的東西，感覺還不壞。湯關東煮，真的不賴！
呼啊～
唔——
這湯的確滿辣的……
來，這是您的烤海苔黑魚糕。
謝謝。
哦～
咬
唔
好燙！
呼
呼
嗯，好吃！海苔的風味確實跟魚板很搭。
嗯
嚼
嗯
嗯
嘶呼

說不定其實走進一家很不錯的店喔。
湯關東煮請再給我一碗。
好的。
另外，
我還要帶皮小芋頭跟網燒可樂餅。
那個……
請問側芽是什麼？
這個
這個
就是這種小小的芋頭。
啊……那，
嗯？
那也來一份。
好的。
乾脆就在這裡品嚐各種菜色，順便解決晚餐吧。
嚼
嚼
好吃。
切片帶皮小芋頭
蒸側芽
沾側芽的鹽
不知為何以平底鍋裝盛的網燒可樂餅
哎呀，又幹了蠢事。
居然點了一桌的芋頭。
請問，
有鮪魚切片嗎？
有喔。
那我要一份。
「醃蘿蔔」也來一份。

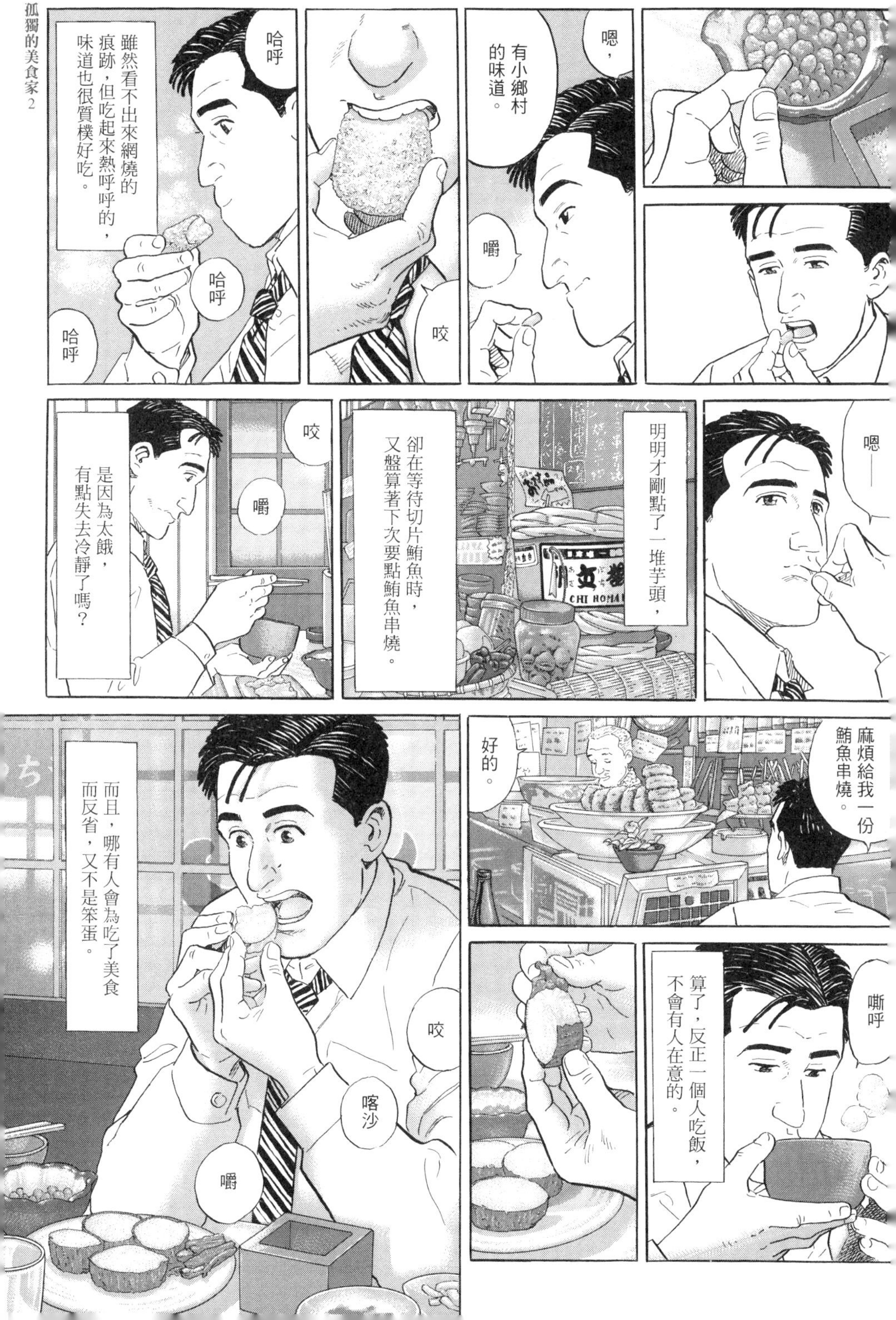
嗯，
有小鄉村的味道。
嚼
咬
哈呼
雖然看不出來網燒的痕跡，但吃起來熱呼呼的，味道也很質樸好吃。
哈呼
哈呼
嗯——
明明才剛點了一堆芋頭，
卻在等待切片鮪魚時，又盤算著下次要點鮪魚串燒。
咬
嚼
是因為太餓，有點失去冷靜了嗎？
麻煩給我一份鮪魚串燒。
好的。
嘶呼
算了，反正一個人吃飯，不會有人在意的。
而且，哪有人會為吃了美食而反省，又不是笨蛋。
咬
喀沙
嚼

喀啷
有四個人的位子嗎？
有的，請進。
四份關東煮對嗎？
還有啤酒。
是常客吧。剛剛也有一家人光顧，像在下町一樣。
我要烏龍茶燒酒。
咬
咬咬
多謝招待。
好的
謝謝光臨——
哎呀，整個人都溫暖起來了。
那個關東煮的湯真有效。
啪
話說回來，每樣都很美味呢！
我看下次就別太在意，直接走進居酒屋吧。
呼。
不拘泥於人氣美食似乎也不錯，只要好吃就好。

第2話——祕魯料理 東京都新宿區信濃町

多謝了。
基於合作廠商的人情來捧場……
呼，
沒想到這個客戶給人的感覺卻很不舒服。
更重要的是，我肚子有點餓了。
可是，這裡是信濃町，
我對這一帶完全不熟……
嗯？
祕魯家庭料理……
……祕魯啊。

哇……
歡迎光臨。
這是怎麼回事？
足球迷開的店嗎？
……祕魯……
小雪最後寄給我的東西，就是一張來自祕魯的明信片。
印加可樂……
「全力以赴」……嗎？
チチャモラーダ
インカコーラ
Hola～
你好嗎？
我現在來到祕魯攝影。
我在馬丘比丘差點得了高山症，幸好後來就習慣了。
我一直在喝印加可樂。祕魯有好多美味的料理跟甜點！熱愛美食的人來到這裡，絕對很驚喜。工作也要全力以赴喔，Sayuki
請問要點餐了嗎？
啊……

要不要參考一下我們的弗雷賀雷斯套餐？
這是祕魯相當普遍的家庭料理，就像日本的白飯配味噌湯一樣。
是用金時紅豆、豬肉跟洋蔥燉煮而成的一道菜。
……金時紅豆？
是由在祕魯出生的家母做的，
所以嚐得到當地的原味。
哦？
那就來一份吧。
想喝什麼呢？
啊，
這個，請給我印加可樂。
……仔細回想，
我跟小雪好像是因為不會喝酒這件事才聊起來的。
那是在……
旅居巴黎的日本藝術家的個展開幕派對上發生的事。
我也覺得……
要是自己有至少能陪對方喝酒的程度就好了。
就是啊！
我也這麼想。

請問
如果妳願意的話，要不要一起吃甜點？
咦……
隔壁有間店賣的反烤蘋果塔非常美味。
咦
那是什麼？
該怎麼說呢
該說蘋果派的蘋果很大塊嗎？
蘋果像這樣鋪得滿滿的，
然後再抹上打發的鮮奶油……
哦呵呵
聽起來很好吃，那就麻煩你帶路了。
一回想起來，就好想再吃一次。
來，這是您的印加可樂。
啊
謝謝。
拉開
咕嚕、咕嚕
呼
是黃色的呢。
不對不對，這不是黃色，
是金色。
Golden kola
印加帝國是黃金之都，所以是金色的可樂。
祕魯的水質很差，所以觀光客不管去哪裡都得喝這個來取代水。
這樣啊。
可是，這怎麼看都像鬱金香的鮮黃色啊。
咕嚕

橄欖果
西班牙臘腸
椰子芽
醋漬洋蔥
馬鈴薯沙拉
蒜香炒飯上淋了燉煮金時紅豆、豬肉與洋蔥。
唔！
不過，喝起來倒是不討厭。
咕嚕
什麼東西啊，簡直像玩具的味道。
根本不是可樂……也沒什麼氣泡。
哦～這就是弗雷賀雷斯套餐啊？
醋漬洋蔥無限量供應，歡迎取用。
另外，關於橄欖的果實，
因為很酸，請您小口品嚐。
這就像是日本的梅干。
這樣啊。
張口
這種酸味跟有點辣的感覺真不錯，但味道又跟所謂的異國料理不太一樣。
嗯，好吃。
是令人懷念的親切味道。
含入
嗯
醋漬洋蔥真不錯，跟這道料理很搭。
嚼
這是椰子芽？
祕魯也有椰子樹？

好軟。
クチャ
喀沙
嗯。
咬
唔！
好酸。
嚼
咬
完全吃不飽。
嚼
嚼
嗯
嗯
每樣菜都很好吃。
這樣好像大人在吃兒童餐。
C. ロモサルタード
ロモサルタード
ガーリックライス
レディースセット
大盛り
點這個來嚐嚐吧？
不好意思，
請給我一份炒牛肉套餐。
不是單點，是套餐嗎？
是的。
喀沙
這道醋漬洋蔥的水準真是超越一般的小菜太多了。
請再給我一份醋漬洋蔥。
連湯也忍不住喝完了。
嘶呼
唔—
酸得太夠味了！
腦袋都清醒了。
關於祕魯，我只知道馬丘比丘跟納斯卡的地上畫而已。
原本以為他們的食物會更具沙漠風情，
嚐起來難以入口，沒想到……

來，這是您的炒牛肉套餐。
哎呀。
牛肉辣炒洋蔥、完熟番茄、炸馬鈴薯
滿桌子都是洋蔥了。
張口
嗯。
這味道也很親切。
有點像番茄風味的炒牛肉丼。
有點偏離「印加帝國」的印象，成為在地的味道了。
嚼
嚼
嗯，大口大口吃真過癮。
我突然變成親祕魯派了。
洋蔥洋蔥～
嚼
嚼
嗯？
馬鈴薯是用炸的啊。
地球另一側的味道，完全讓人沒有距離感！
嗯
嗯
好吃，真好吃。
咬
嚼

您覺得如何呢？
祕魯的味道？
啊。
這個……
非常美味。
祕魯的食材相當多元。
不僅蔬菜，連肉、魚類都非常豐富。
哦？
真令人難以想像。
祕魯是貧窮沒錯，
卻是開朗的貧窮。
總之，祕魯就是個在吃住上沒有任何不自由的國家。
我的父親因為調查移民而到祕魯去，後來漸漸喜歡上祕魯，就此定居下來。
然後我就在那裡出生了。
這樣啊。
啊啊，
我又吃太多了。
……因為工作的關係而定居下來。
我曾有過機會……卻無法跨出那一步……
喀鏘
TIA SUSANO
呼。
不行、不行。
B1F
這樣的晚上是不是該喝一杯才對？

第3話——中華涼麵和拉麵
東京都品川區東大井

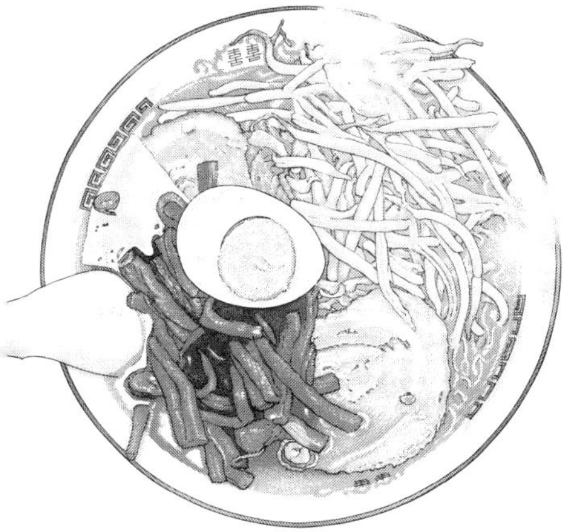

真是的，
到頭來白忙一場。
算了，偶爾也會有這樣的日子。
肚子有點餓，去吃拉麵好了。
大井町……有幾年沒來了？
記得這附近有間學生時代常來的店……
不曉得還在不在。
啊！
還在、還在。
咦？
要排隊嗎？

真傷腦筋。
也沒有想吃到要排隊的地步……
可是……
我記得那間店的拉麵會加入焦香的蔥，吃起來很對味。
唉……算了。
不過，這麼一來，不吃到拉麵我是不會甘願的。
嗯——
隨便一間都好……
嗯……
看起來好像不錯。
嗯。
這裡……
歡迎光臨。
請隨便找位子坐。

啊，這種氣氛真舒服。
有種回到昭和時代的復古趣味。
那麼……
拉麵雖然不錯，不過……
嗯。
中華涼麵嗎……
今年都還沒吃到呢。
嗯。
就點這個吧。
那個，
請給我中華涼麵。
好的。
好，一碗冰的。
好的。
冰的？
居然叫中華涼麵「冰的」？
哈哈，這間店實在太有趣了。

咕嚕
咕嚕
老闆，請給我蘋果酒。
好，一瓶蘋果酒。
680
MITSUYA
今年的秋老虎同樣厲害啊。
咕嚕
咕嚕
咕嚕
呵呵。
沙沙
咕嚕咕嚕
咕嚕
咕嚕
！
好喝！
蘋果酒有這麼香嗎？
咕嚕
唔～
小時候明明覺得很辣。
不管是中華涼麵還是拉麵，
我都想在這種午後沒什麼客人的店內享用。
680
770
770
現在喝起來與其說是清爽，
反倒更像奶奶的味道。
呵呵
整個人都放鬆下來了。

與其說我討厭排隊吃東西，
咕嚕
不如說我不喜歡吃東西時有人在後面等的狀態。
來，請用。
您是點湯麵的客人嗎？
是的。
這裡這裡！
久等了，
您是點中華涼麵對吧？
火腿
芥末
略寬的蛋絲
滿滿的海苔
小黃瓜
燒肉
海蜇皮
是的。
啪茲
嗯，
真好吃！
嘶嘶——
呼嚕
小黃瓜的香味讓人彷彿回到了夏天。
嘶嘶
呼嚕
秋天吃中華涼麵，別有一番風味。
嗯，
嗯。

真好吃！
就跟妳說吧。
這裡的湯麵可是很有名的。
我平常都會吃湯麵，所以今天點拉麵。
嗯，好吃！
嘶嘶——
嘶嘶——
呼
呼
看到別人喝熱湯，忍不住羨慕起來。
嘶——
呼
呼
剛走進店裡時因為很熱，就順勢點了中華涼麵，
但熱湯……
嘶嘶——
實在很想喝熱湯。
唔……
受不了了。
不好意思，請給我一碗拉麵。
担々麵
680
什麼？
那個……
請給我一碗拉麵。
好的。
好的，追加一碗拉麵。
好的。
哈哈……
我又幹這種事了。

顏色略淡的湯汁，看不到麵
滿滿的豆芽菜
一般的水煮蛋半顆
大量顏色很深的細筍乾
兩片厚厚的燒肉
嗯，
這拉麵很不錯喔。
味道如何呢？
呼──
呼──
嗯。
呼
嘶嘶──
喀沙
嗯。
筍乾煮得很有嚼勁。
喀沙
喀沙
呼
嘶嘶
啊──
就是這個！
湯汁實在太棒了。
嚼
豆芽菜的分量也很讓人開心。
嚼
呼──
呼──
果然就是要像這樣邊吹氣，
邊吃麵喝湯才過癮。
呼嚕
呼嚕
呼
嘶嘶──
呼
呼

呃。
今天的我還真不需要兩片這麼大的燒肉。
咬
好軟。
咬
嚼
不過，我還是吃掉了。
嘶嘶
呼～
肚子真的好飽了。
咕嚕
咕嚕
咕嚕
咕嚕
吃完拉麵後喝的水，就像拉麵的一部分那樣美味。
嗯～好滿足。
我喜歡這種平凡的拉麵。
咕嚕
咕嚕
不好意思，請給我一杯水。
好的。
呼
但在這時代，要獨立經營這種平凡的拉麵店，應該很辛苦吧？

第4話——茶泡飯的滋味

東京都三鷹市下連雀

嗯，
茶泡飯……
可是，不管怎麼看，這都很像居酒屋……
茶泡飯 三嶋
這應該不是賣茶泡飯的吧？
大概三天前不經意在BS頻道偶然看到……
小津安二郎導演的……
《茶泡飯的滋味》鮮明的在腦中甦醒。
「吃麵包怎麼樣？」
「不，我要吃茶泡飯。」
「這個呢？」
「嗯，茶泡飯。」
嘶嘶
可是，可以不喝酒只吃茶泡飯嗎？
唔，
看不到店內的情況。
喀啷

您好，歡迎光臨。
ガタン
喀噠
櫃檯……
不，那些說不定都是一個人來的熟客固定坐的位置……
坐這裡……
可以嗎？
當然可以，請坐。
請問要喝什麼飲料？
啊。
咦……
這個嘛……
嗯，劈頭就點茶泡飯好像也很奇怪？
嗯……
唔……
這個嘛……
那就魷魚好了。
好的。
烏龍茶……
請問有烏龍茶嗎？
不是烏龍茶燒酒喔。
有的。
麻煩給我那個。
火腿蛋跟……
……總覺得一個人來這種店，會有種手足無措的感覺。
冷靜點，千萬別慌張啊，我這個初來乍到的客人……

令人懷念、
兔子形狀的
塗了細條狀美乃滋的生菜
大膽隨興地擠在容器上的大量美乃滋
不見魷魚腳的部分，顏色偏深、厚度較薄、口感非常的硬
整隻大魷魚烤完後直接切絲
火腿上面也黏著蛋一起煎
煎得很熟看不到蛋黃的荷包蛋
哇啊，這分量未免太誇張了。
咬
明明只是想先填個肚子，再點茶泡飯。
嚼
咬
嗯。
嚐起來很家常味。
不過，既沒白飯又沒麵包可配的火腿蛋，吃起來實在單薄。
魷魚，
也太多了。
咬
啃咬
呃……好硬。
咿啊
第一次吃到這麼硬的魷魚。
咬
咬
不過，味道倒是不錯，越嚼越香……
嚼
嚼
嚼
可是，
嚼
下巴嚼得好累。
要吃完呢？還是丟著不管了？

我在搞什麼啊？
咬
明明是想迅速吃完茶泡飯就回家的。
咬
ガラ
喀啷
歡迎光臨。
三個人。
啊，我跟你們換位置吧？
嗯？
沒關係。
我們坐櫃檯就好坐櫃檯。
好了，新藤，你也坐吧。
請給我兩瓶啤酒。
啊！
我不會喝酒，請給我烏龍茶就好。
你說什麼！
起碼陪我喝一杯吧！
啊！
對不起。
哈哈哈！
嚼
嚼
不好意思，
請給我梅子茶泡飯。
啊，
這邊再來兩合冷酒。
你幹嘛？
大口喝光啊，快點！
好的，真抱歉。

咕嚕
咕嚕
來，您的酒。
請問酒杯要幾個？
三個。
啊！
我……
那個，請給我水……
說什麼小孩子似的蠢話，
來，再喝一杯！
啊！
已經不行了，我真的沒辦法喝這麼多。
你在胡說什麼，笨蛋！
快喝！
唔啊
快點喝掉！
對不起，
我已經……
他不是說不能再喝了嗎？
啊？
你說什麼？
我也不能喝酒，所以很能體諒他的痛苦。
你這個局外人給我閉嘴。
來，
快喝！
啊……
好的。
請你不要這樣！

你沒發現他的臉色已經很難看了嗎？
你說什麼？
跟你無關吧！
那個，
請問茶泡飯已經在做了嗎？
カタッ
是的，
正在做。
那麼連同茶泡飯的份幫我結帳吧。
什麼，你要走了？
心情太差害我連茶泡飯都吃不下。
真令人不悅的說法。
人的一生中……
有時候不得不忍耐很討厭的事。
你說什麼？
什麼意思？
不過，
要不要忍耐是由自己決定，他人沒有權利奪走那份自由。
多謝招待。
不用找了。
唉呀，
真是不好意思。
喂，給我站住！
說完想說的話就想溜啊。
這位客人……
裝得一副了不起的樣子，你以為自己是誰啊！
喀啷

部長——
喂，你這混蛋！
請你好好珍惜跟部下一起用餐的機會。
臭小子！
拉
請住手啊！
部長——
啪
哦！
嗚啊！
唔！
沙——
呃啊
部長，您沒事吧？
真……真的很抱歉。
啊，不會……

唉——
……太失敗了。
不行啊，那種店好像不合我的個性。
雖然有點超過保存期限，
但都沒打開應該沒關係吧？
桃屋の
我開動了——
呼
嘶嘶
嗯，
還不錯。
醃魷魚茶泡飯只要倒入熱水，魷魚就會縮得好小，真可愛。
那個丈夫說了什麼？
『該怎麼說我的立場呢？』
『沒有顧忌。』
嘶——
問題是，
白飯完全不夠啊。
呼
呼
就是
像這樣……
不要顧忌太多……嗎？
『喜歡輕鬆的事物。』

第5話——披薩
東京都世田谷區下北澤小巷內

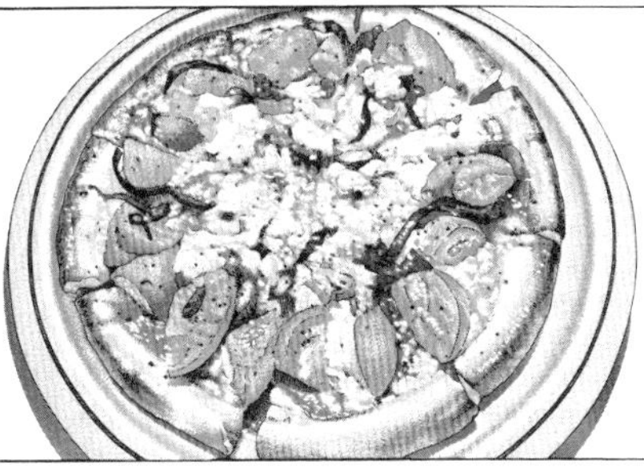

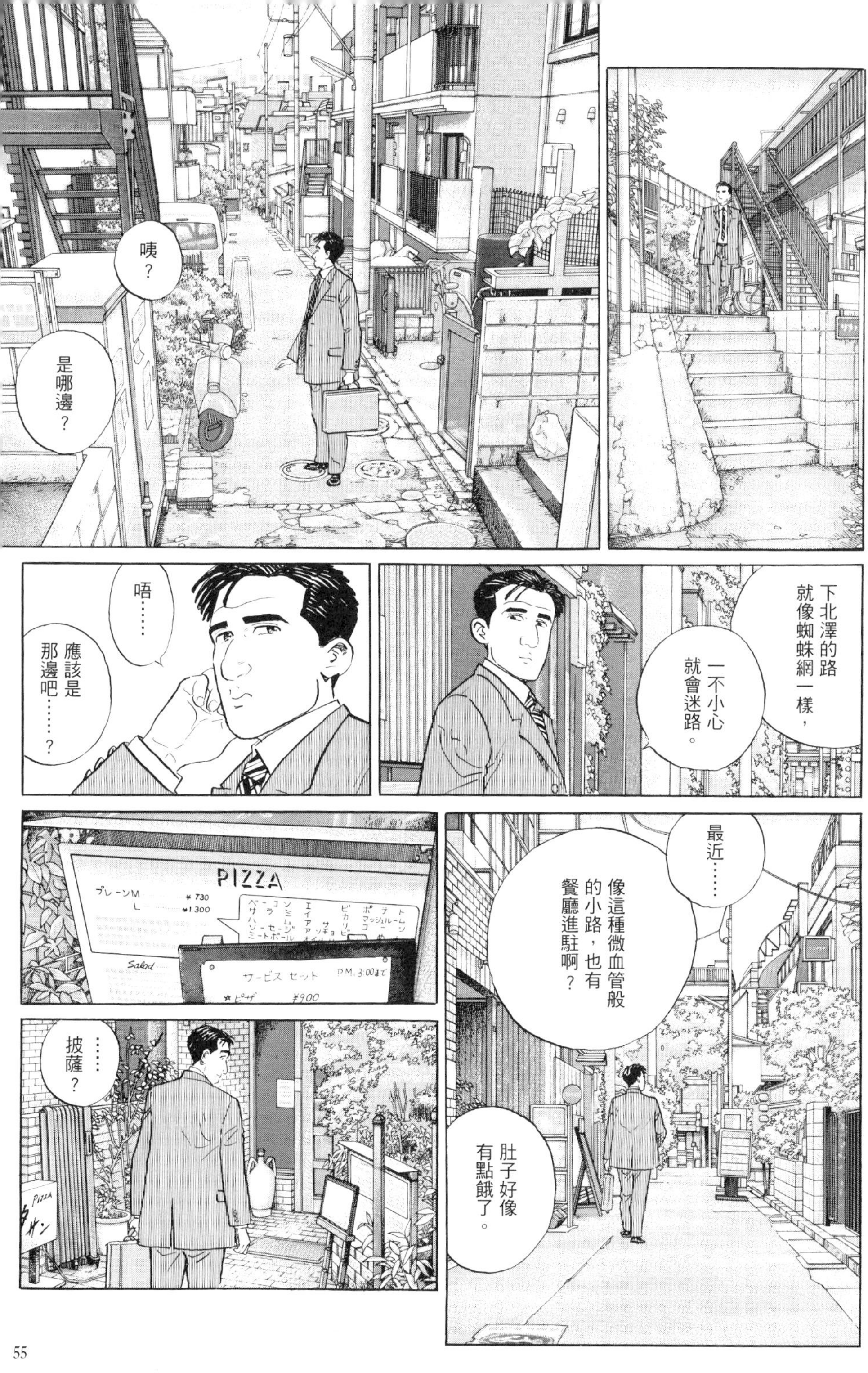
咦？
是哪邊？
下北澤的路就像蜘蛛網一樣，
一不小心就會迷路。
唔……
應該是那邊吧……？
最近……
像這種微血管般的小路，也有餐廳進駐啊？
肚子好像有點餓了。
PIZZA
プレーンM ¥730
L ¥1.300
サービス セット PM.3:00まで
☆ピザ ¥900
……披薩？

看起來好像是間老店……
這對肚子有點餓的我來說，
似乎……是個不錯的選擇。
ギー
軋
歡迎光臨。
請用水，
這是您的菜單。
啊，謝謝。
跟時下年輕人愛去的店完全不同。
這樣反而好。
哦～
是自行選擇喜愛的食材加在基本口味的披薩上啊？
ZZA
M……¥730
L……¥1,300
サラダ＋飲物
L跟……
M嗎？

不好意思——
請問L大約是多大？
啊，
好的。
……28公分嗎？
是的，
L的直徑有28公分。
M是23公分。
拉
L的……
大概是這樣……
沒想到這麼小。
決定了！
不好意思，
是的。
呃……
我要L的披薩，外加臘腸、番茄跟鴻喜菇。
啊，
番茄加鴻喜菇會讓披薩變得水水的喔。
哦，
原來是這樣。
咦？
因為鴻喜菇比想像中還會出水。
那麼……
改成青椒可以嗎？
青椒就沒問題了。

那就改成青椒。
好的。
要是再加醃鯷魚會很奇怪嗎？
完全不會喔。
那就再加醃鯷魚。
另外，請給我一瓶可樂。
好的。
糟糕，因為挑選的食材被打槍，居然慌張起來了。
咕嚕
咕嚕
沙—
咕嚕
唔呼。
好久沒喝瓶裝的可樂了。
不過，像她那樣多管閒事的個性真不錯，
感覺就像親戚的阿姨一樣親切。
哦！
好懷念啊！最近都看不到這種技術了。

記得第一次被帶去吃披薩時，
店內的廚師好像也把餅皮丟得好高。
這是昭和的技術嗎？
哦～
還真是真材實料的披薩呢！
超大罐的辣椒醬看起來也很可靠。
TABASCO
BRAND
PEPPER SAUCE
倒倒倒
據說義大利沒有辣椒醬，
但吃披薩時沾大量的辣椒醬，
再搭配美國的可樂，才是日本流啊！
哈呼
咬

嗯。
嚼
好吃。
很好，這披薩就跟這家店一樣正統。
啊嗯
哈呼
嚼
嗯，醃鯷魚的鹹味跟整體也很搭。
好吃，太好吃了！這不是古早的味道，而是年輕的披薩。
嚼
咬
你好。
歡迎光臨。
可以坐這裡嗎？
請坐。
嗯。
披薩變成大人的點心了。
嚼
嚼
不好意思，
請再給我一瓶可樂。
好的。
アンチョビ
オイルサーディン
ソーセージ
ミートボール
嚼
不過，重新看了菜單，就覺得自己選的食材很普通。
醃鯷魚還算OK，
嚼
但番茄、青椒跟臘腸的組合實在太沒有創意了。

這裡可以自由選擇食材，
店員也會適時給建議，
唔。
這肉丸是指什麼？
披薩裡加肉丸，不會太突兀嗎？
咬
海鮮也不錯，是蛤蜊嗎？
嚼
然後再加上茄子。
呵呵，真有趣。
還要再點一個嗎？
如果點M應該吃得完。
那我的披薩要加花枝、玉米跟芹菜。
好的。尺寸呢？
M的。
咦？
花枝跟玉米……還有芹菜？
嗯，或許是常客吧？店員看起來很習慣了。
花枝、玉米跟芹菜……這樣的組合也行？
那麼……我來試試油漬沙丁魚好了。
另外，再一個白酒蛤蜊義大利麵。
好的。
咦？
那飲料呢？
嚼
嚼
兩杯生啤酒！

咕嚕
還點了義大利麵，是要分著吃嗎？
真高興店裡能抽菸。
呼
嗯哼。
唔呃！
沒有追加M的披薩是對的。
L的披薩已經在肚子裡膨脹起來了。
這樣……剛剛好。
多謝招待！
好的，謝謝光臨。
在這種滿是年輕人的街上，
意外找到了間好店。
不過，披薩對一個人用餐的人來說，吃起來似乎有些孤單啊……

第6話——素拉麵
鳥取縣鳥取市鳥取區公所

哦～
我聽說沙丘沒有想像中大，所以早有心理準備，
沒想到卻遠比我想像的還要廣闊……
不，應該說……
這遠近感真令人難以想像。
哦，原來如此。
你有這種感覺啊？
那裡是「馬背」。
如何？
要爬上去看看嗎？
嗯，難得都來了。
キュ
拉鬆
話雖如此，走近後才發現沙丘挺高的。
除了沙子跟天空之外，什麼都看不到。
呼
呼
呼

真是不可思議的景色。
呼
呼
就像看到超現實的畫，內心會微微顫動一樣……
那個攝影師叫什麼名字？
拍沙丘的。
呼
呼
植田正治嗎？*
對對，就是他。
我們好像走進了他的照片裡……
就像在夢中一樣……好奇妙的感覺。
ザザザァアンン
哇啊！是日本海！
呼
呼
這裡距離海面大概有90公尺。
哦——
不過，整年被這樣的海風吹襲，
這片沙丘為什麼不會消失？
應該說……
這座沙丘是因為海風和不斷拍打過來的海浪才形成的。

* 日本超現實攝影家。

哦，是因為風跟浪啊……
感覺好不真實啊……
啊，總算到了。
我們實在很厲害。
呼
呼
剛吃過飯，身體變得很重，
竟然還爬得上來。
老公，你不但吃了烏龍麵，
連海苔卷都吃了。
呼
呼
哈哈哈。
真是太糟糕了。
呼，就把這次爬沙丘當作減肥吧。
說什麼蠢話。
這樣才減不了肥。
……
突然覺得……
肚子有點餓了。
是喔。
啊……抱歉，我都沒注意到。
你還沒吃中飯嗎？
吃過了，只是現在又有點想吃。
剛聽到別人在聊吃的，
……就忍不住
哪裡有呢？
能稍微吃點東西的地方。
嗯，
這個嘛……

パァァァ
叭叭
這裡真的可以嗎？
嗯，沒問題的。
我想一個人放鬆的用餐。
唉呀，
該怎麼說呢？這種地方我實在不好意思推薦給外縣市的人。
不會不會，
我就是想吃這樣的東西。
真傷腦筋啊。
請你千萬不要有任何期待喔。
那麼，晚點見。
晚上七點時，我再去飯店找你。
好的，
麻煩你了。
……素拉麵嗎？
光聽名稱就覺得很吸引人。
而且，區公所的食堂感覺較冷清，也很不錯。
轟隆

是……這裡嗎？
……素拉麵。
素拉麵……
みそラーメン
かけラーメン(全)
わかめラーメン
スラーメン
カレーうどん
天ぷらうどん
400円 250円 280円 400円 400円 400円
啊，看到了。
呼，全部都是片假名……感覺有點蠢。
嗯……
這樣啊？
原來要用自動販賣機買餐券。
那麼，素拉麵250元……。
比一般分量的烏龍麵貴10元，卻比海帶芽烏龍麵便宜10元。
真是奇妙的價格設定。
わかめうどん
スラーメン
250円
みそ汁
50円
450円
請給我素拉麵。
好的。
可以嗎，井之頭先生？
也就是說，
將拉麵放進烏龍麵的湯裡。
咦，真有意思。

結果，就是因為沒有動物性的湯底，
為了補充油花就加入大量的天婦羅屑，再撒上大量的胡椒粉。
哦，好像在欺騙自己呢。
聽說以前有窮學生到店裡懇求老闆這樣做，後來就成為固定菜色了。
久等了——
啊，好的。
呃，
天婦羅屑。
カサ
喀沙
是加這麼多吧？
接著，撒上胡椒粉。
嘿咻。
天婦羅屑
因為不清楚分量，
就沒有加很多
可自行取用的熱茶
關西風味
青蔥切絲
豆芽菜
麵條太細
且有點縮水，
像拉麵的淡黃色麵
不是魚板
而是魚糕
關西風味的高湯
看起來反倒像是薄鹽的
中華麵湯
嗯，
看起來完全是一碗拉麵。
呼

ズルル
呼嚕
嗯。
嗯～
胡椒粉的威力真強大，吃起來就跟拉麵沒兩樣。
嘶嘶
嗯
嗯
嗯。
ズルッ
吸吸
這個……我完全可以接受。
嘶嘶
嘶嘶……
不，應該說，就當點心的麵而言，這素拉麵實在太棒了。
嘶呼
請給我素拉麵。
ズズッ
嘶呼
這麵還挺受歡迎的嘛。
不過，
素拉麵……
它充其量只是道點心，根本無法滿足我。
嗯，拉麵無誤。
我的味覺徹底被騙了。
就跟字面一樣不夠分量。
鳥取咖哩？
◆Menu◆
鳥取咖哩 500円
豬排咖哩 450円
咖哩飯 400円
比咖哩飯貴100元，也比炸豬排咖哩貴50元。

這種時候就衝了吧。
都難得來到鳥取了。
請問——
鳥取咖哩是什麼呢？
是的。
是加入了梨子、辣韭跟蟹肉精華的咖哩飯。
……精華。
那麼，就來一份鳥取咖哩。
用餐巾紙包住的湯匙，給人很懷念的感覺
鮮紅色的什錦醬菜
蔬菜包括紅蘿蔔、馬鈴薯、洋蔥，不像一般鄉村咖哩那樣切太大塊
肉應該是牛五花
啊，餐券、餐券。
那麼，來嚐味道吧。
呼啊
呼
嚼
嚼
嗯。

啊嗯
嗯。
是一道普通到極點的咖哩飯。
嚼
嚼
雖然還滿喜歡的，
味道也很美味……
但口中完全嚐不到辣韭的味道。
梨子到底有沒有發揮功效呢？
嚼
而蟹肉……連碎屑也沒看到。
所以，蟹肉精華畢竟只是精華，根本嚐不出味道嗎？
突然有種寂寞的感覺。
啊嗯
呼呼
呼~
因為素拉麵的引誘，
忍不住吃太多了。

在進口雜貨博覽會的派對上，
我因為應酬喝了不太能喝的紅酒，
早早就搭計程車回到了飯店。
シャアアア
嘩啦
呼。
咕嚕
咕嚕
哈——
還是喝水最棒！
當天晚上，
夢中的我站在馬背上。
不知為何我回到了小時候，身邊站著早已過世的父親。

第7話——燉煮定食

東京都世田谷區駒澤公園

不愧是法國製，真的很時髦。
我再去找找看。
不過啊，
我曾經邊走邊找時，踩到很多狗的排泄物。
哈哈哈。
這點就真的很讓人搞不懂，
明明那麼時髦的地方，
卻讓狗隨地大小便。
八成是國情的關係吧。
那麼，
我要這個、這個跟這個。
那我就先訂這三種顏色各十個，麻煩你了。
好的。
謝謝惠顧。
黑色、
紅色跟藍色，對吧？
一共是30組。
喀噠 喀噠
カチャ カチャ

請問……
嗯？
我想……
一個人迅速吃點什麼東西，
這附近有沒有哪間店適合的？
嗯，
有喔。
……4點半嗎？時間好像有點早。
從這裡稍微走一段路的馬路旁，有間很美味的燉煮定食專賣店。
哦？
燉煮定食專賣店……
好棒的公園。
感覺很舒服。
真的。
好多人帶狗出來散步。
現在時間還很早，
那個人卻帶著看起來很名貴的狗出門。
不知道他是做什麼工作的呢……

好，時間差不多了……
差五分鐘五點……
我討厭排隊……
らっぱ
咦……是這裡嗎？
唔……
門口完全沒寫燉煮定食，
如果不知道的人，實在很難踏進去。
嗯，一開始有點難走進去，
但我覺得那裡很適合一個人用餐。
啊……不過，那裡不賣酒也沒有啤酒，沒關係嗎？
沒有酒精……
反而好
我要歡呼了

可是，
這門面怎麼看都像居酒屋啊。
而且是有點貴的那種。
算了！進去吧。
ガラガラ
喀啷喀啷
歡迎光臨。
業時間
00~AM12:30
……木曜日
水・木曜日連休
唔……
來，
請用。
咦？
ゴトッ
怎……怎麼回事，這麼突然……
這……這是燉煮……
燉煮定食 並 六〇〇円 小 五〇〇円
……這樣啊？因為菜單只有這個，所以一走進門就自動出菜了？
白飯的分量呢？
咦？
啊……
不行，完全被店家的步調牽著走了。
啊……

大……
啊……不，中碗的就好。
另外，再一份醬菜。
好的。
這是第一次造訪的店，
不能表現得太張揚，一般分量就好……一般……
小黃瓜米糠醬菜
（上頭還灑了少許醬油）
牛肉
絹豆腐
切成塊的
刻花的蔥
（有燉煮過）
細切的生薑
（少許）
足以和一般定食店的大碗匹敵的中碗分量
（用木桶蒸煮的米粒閃閃發亮）
看起來很好吃。
真……
嗯
嗯
就像外表一樣，是名副其實的美味！
啊嗯
真好吃！
啊嗯
很下飯。
嚼

該怎麼說呢？有種自古流傳至今的，
柔軟的日本肉料理的感覺。
是分量雖大，卻不會造成胃部負擔的燉煮物。
喀茲
喀茲
稍微醃漬的小黃瓜味道也很清爽。
沒賣酒就算了，就連湯也沒有……真是不可思議。
好，撒點七味粉試試看。
好安靜。
大家都沉默地用餐。
真是間自律的店。
抱歉——
我要外帶。
好的。
如要外帶，請先告知店家。
外帶……這裡也可以這樣啊？
想喝酒的人，就外帶回家配酒嗎？
話說回來，為什麼用這麼淺的盤子裝呢？
多謝招待。
謝謝光臨。
這樣……
菜汁不就都會撒出來？

沒有賣午餐，只有晚餐……
營業時間
PM5:00~AM12:30
定休日－木曜日
第三水・木曜日連休
卻沒有賣啤酒。
這裡對我來說是非常珍貴且舒適的一個人的用餐空間，
但這間店實在充滿了謎團啊。
而且還賣到晚上12點半。
最後，像這樣淋在飯上吃。
咦？
不就能一滴不剩的全吃光了？
……
原來如此。
如果是這家店的吃法，那就照辦吧。
並 二〇〇
小 一五〇
茶泡飯 並 二五〇
小 二〇〇
漬物 一〇〇
不過，那個「茶泡飯」的存在，卻散發著異樣的光采。
咬
嚼
啊啊，真的很美味，很棒的吃法。
含
嚼
還是很在意……
到底是什麼樣的茶泡飯。

多謝招待。
謝謝。
一共是900元。
呼～
真滿足。
好，
交貨那天再來吃一次。
不過，如果要點茶泡飯，
就得在一走進店裡的瞬間立刻講才行……
所以，下次等肚子真的很餓，
先點小碗的白飯配燉煮，再點茶泡飯好了。
——後來，我真的到店裡實行了這計畫。
然後，
淋上少量醬油
玄米茶
令人驚訝的是，店家居然若無其事的拿出水谷苑的茶泡飯海苔。
在眼前弄破袋子撒上「茶泡飯海苔」
撒上一點芝麻鹽
嘶
呼嚕

第8話——赤門與商業套餐

東京都文京區東京大學

啊——
真是個難搞的教授。
到頭來，還是沒談出結果……
那種教授帶的研討小組，
不曉得會是什麼樣子……
不過，
我已經多少年沒來東大啦？
他、
還有她……
就連那個人，
大家都考上了東大。
可是，走在校園內的年輕人，
絲毫看不出來有那樣的經歷……
不可思議。
他們的成績都不錯，但八成也是經過苦讀才考上的吧。

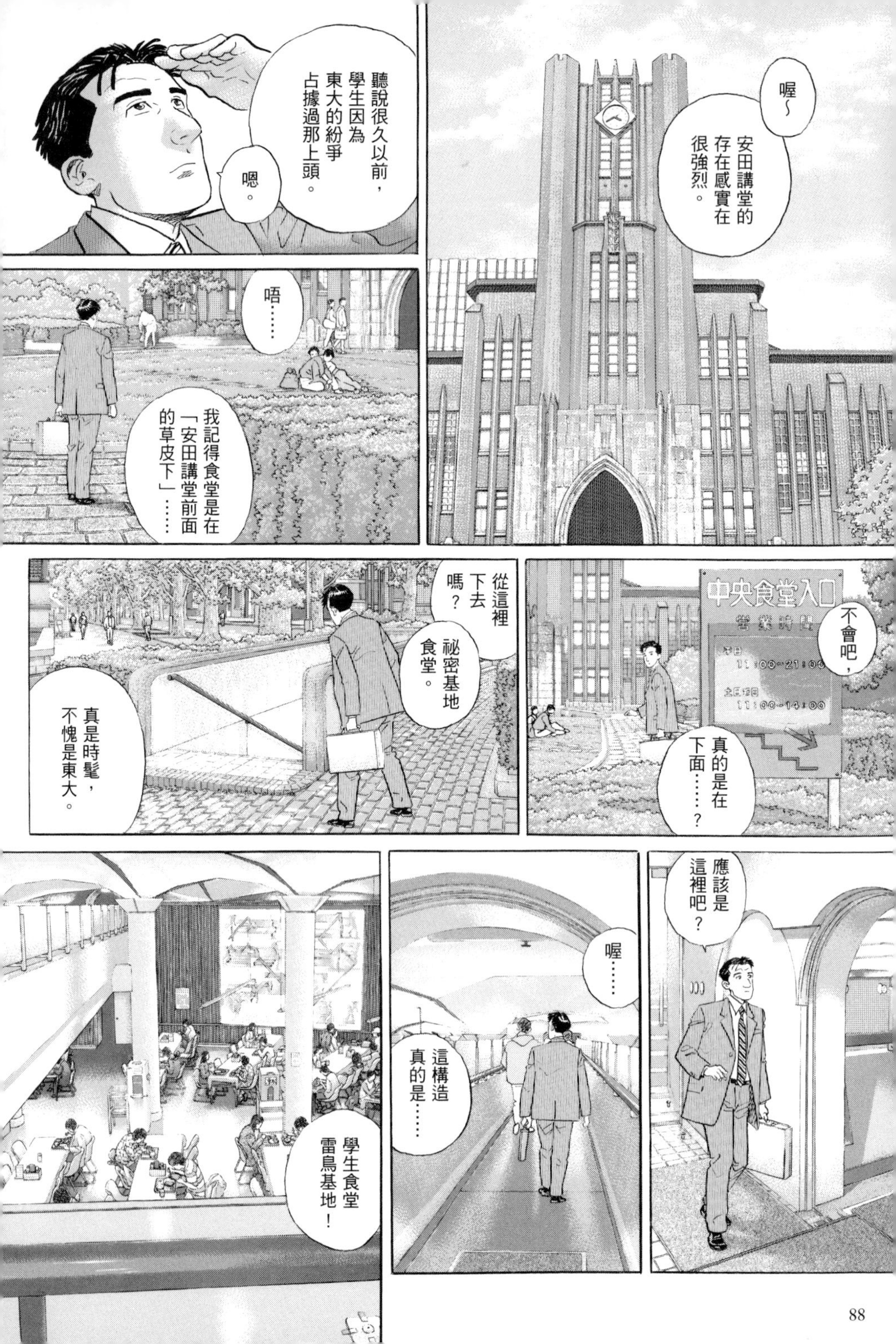
喔～
安田講堂的存在感實在很強烈。
聽說很久以前，學生因為東大的紛爭占據過那上頭。
嗯。
唔……
我記得食堂是在「安田講堂前面的草皮下」……
中央食堂入口
營業時間
11:00-21:00
11:00-14:00
不會吧，
真的是在下面……？
從這裡下去嗎？
祕密基地食堂。
真是時髦，不愧是東大。
應該是這裡吧？
喔……
這構造真的是……
學生食堂雷鳥基地！

這裡是……？
這是……
什麼？
什麼意思？
嗯……
完全看不懂。
食券 食券
1 2
手売窓口
食券持参
MENU
サンプル
MENU
① 定食 ③
⑥ めん
④ 丼 企画
要是這裡的學生……
看到這種東西能立刻了解，
就表示……
他們的腦袋跟我們這種一般人不同。
腦袋的CPU差很大。
不禁覺得……我腦袋的性能，
大概只有計算機的程度而已。
那麼，總之上面寫著……
後面有各菜色的樣品……
哇啊！
真的有耶。

這是什麼？
野菜炒め
タイムサービス
原來是各種炒蔬菜的介紹。
3F定 M480
什麼意思？
限時特惠，
在販售窗口販賣！
哇啊，冷盤兵隊這麼多！
喂、喂，味噌湯只要20元，未免太便宜了！
商業套餐？
ECONOMY
7 商業套餐
M 400円
和風豬排飯 沙拉 味噌湯
那是……
什麼意思？
哇啊
這碗麵的料也太多了，到底是怎麼回事？
這樣的搭配真是無懈可擊。
唔……
中央食堂名物，
赤門？
中央食堂名物
390円
而且，
每樣菜都是混入特別食材的混血兒呢。
スープは、ありません。麺と混ぜてお召し上がり下さい！
這還真是最高學府的驕傲與體貼！
甜點有鳳梨和芝麻布丁。
不行，猶豫的話，會走進迷宮出不來的。

好！
決定是商業套餐了！
風豬排飯
沙拉
味噌湯
喂，
喂。
這個80元券跟60元券……又是怎麼回事？
企畫？
FAIR？
No48 企画 おすすめ！夕食
No5 和定 人気No1定食
就選混合麵，
赤門！
拜託饒了我吧。
難道沒有嗎？
販售的窗口。
食券手売窓口
真是的，
為什麼要把事情搞得這麼麻煩？
而且，
定食要走這邊的樓梯，麵則要走那邊的樓梯。
啊……
什麼嘛！原來下面是相通的。
所以走捷徑就好了。
東大的人為什麼要把事情搞得這麼複雜呢。
到底在搞什麼？
在走去拿定食的同時，
麵都要糊掉了。

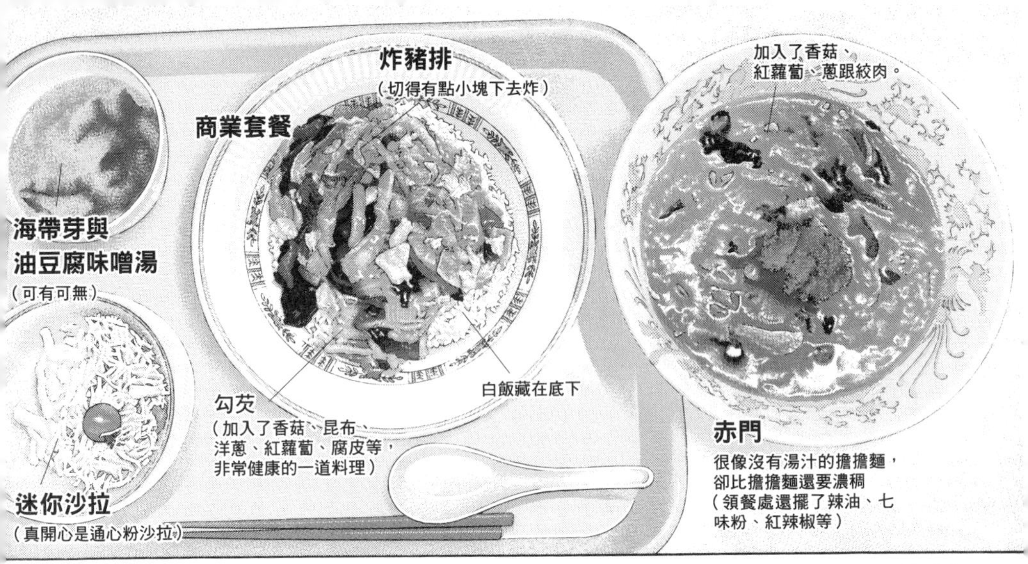
商業套餐
炸豬排
（切得有點小塊下去炸）
海帶芽與
油豆腐味噌湯
（可有可無）
勾芡
（加入了香菇、昆布、
洋蔥、紅蘿蔔、腐皮等，
非常健康的一道料理）
白飯藏在底下
迷你沙拉
（真開心是通心粉沙拉）
加入了香菇、
紅蘿蔔、蔥跟絞肉。
赤門
很像沒有湯汁的擔擔麵，
卻比擔擔麵還要濃稠
（領餐處還擺了辣油、七
味粉、紅辣椒等）

先從赤門吃起。
跟麵混拌後，
再入口。
味道如何呢……
啊嗯
嘶嘶
嗯。
嚼
嚼
嗯哼。
辣歸辣，
卻是被柔和的味道包裹住的辣。
嘶
嘶
嗯。
嘶呼 嘶呼
ずる
ずる
呼呼
嗯，還不錯。
就算吃到一半想喝湯，也還有味噌湯可以喝。

不過，在吃這道菜時……
要特別注意醬汁亂噴。
好，接下來吃商業套餐。
啊嗯
嚼
嗯。
咬
嘶呼
要是被赤門醬汁擊中，襯衫可是會立刻陣亡的。
呼——
很健康的味道。
不對，
不是健康，而是經濟。
咬
炸豬排薄又小，
跟這個和風芡汁很搭。
喀沙
哈呼
嘶嘶
商業套餐。
赤門混血。
E・A・H
真是最強的組合。
能想到將這兩道餐一起點的我，
實在太值得喝采了。

咬
哎呀，
大滿足。
咕嚕
咕嚕
麥茶真好喝。
這是一間……
不管是學生，
還是教授，
任誰都接納的好食堂。
包容力真的好大。
既然都來到東大了，就看看三四郎池再回去吧。
我現在彷彿是明治時代的文豪井之頭漱石。
發揮才智，則鋒芒畢露。憑藉感情，則肚子就叫……是吧？

第9話——韓國料理

東京都千代田區有樂町高架橋下

PASTA GRILL
啊！
糟糕，
開始下雨了。
嗯，
剛好肚子也有點餓，
去高架橋下找吃的好了。
唔，
果然……
布簾挺有味道的……
但昨天才吃過天婦羅。
大多是居酒屋之類的店。
大白天的就開喝了啊？

雖然有賣午餐，
但不能喝酒的我，
實在無法在喝酒的地方放鬆吃飯。
咦？
這樣就沒了？
哇啊！
雨下得好大。
嘩啦
ザザザ
早知道就帶一把折疊傘出門。
我實在……不想再買傘了。
新橋……
我記得車站旁有好吃的拿坡里義大利麵。
嗯，
拿坡里。
嗯？
「往新橋方向捷徑」……
嗯，
拿坡里、拿坡里。

走在
通往新橋的高架橋下
拿坡里義大利麵
嗯……
不對，
要更像俳句一點……
新橋啊
—
忘了帶傘的拿坡里義大利麵
哈！
輕拍
哈哈，
沒辦法，實在沒有這方面的才華。
一間壽司店……
咦？
這是什麼？
獨自坐落在這裡……
它跟這附近有著同樣鐵捲門的商店街……
溫度明顯不同，飄散著些許的寂寥。
ランチ・タイ
一、にぎり
一、ちらし
INTERNATIONAL ARCADE
インターナショナルアーケード

什麼？
這裡……
請勿隨地
亂吐痰或口水
韓國料理……
好像有在營業。
……
沒有鐵板……所以是沒有燒烤類的韓國料理嗎？
這個似乎不賴……
反正拿坡里義大利麵隨時都能吃。
好！
就選這間決勝負吧。
喀啷
ガラ
就算再往那邊走，
也什麼都沒有。
歡迎光臨。
韓国料理

超值 麵類套餐菜單
8. 肋排烏龍麵＋mini石鍋拌飯
9. 韓國冷麵＋mini石鍋拌飯
10. 韓國冷麵＋mini叉燒蓋飯
11. 泡菜麵＋mini石鍋拌飯
12. 泡菜麵＋mini叉燒蓋飯
13. 馬鈴薯拉麵＋mini叉燒蓋飯
(じゃが芋の麺で、もちもちした食感です)
ニューがございます
900円
900円
1,000円
900円
肋排烏龍麵，搭配迷你石鍋拌飯。
嗯，
光看到第一項就覺得很誘人。
冷麵也很不錯。
韓國泡菜冷麵……
是什麼樣的食物？
嘶……
嘶嘶……
馬鈴薯麵？
那是……
味道不曉得怎麼樣。
嗯——
該選那個，還是這個呢？
好久沒遇到這麼讓人猶豫的店了。
決定了！
我就選冷麵，再加上一點點冒險的叉燒蓋飯吧。
不好意思，
好的。
請給我10號套餐。
咦？

今天很冷您要吃冷麵嗎？
咦……
是的。
小菜好多。
唔……莫非我搞砸了？
炒蓮藕、燉煮昆布跟泡菜。
喀茲
好吃！
來這間店……
真是意外來對了！
喀沙喀沙
庶民的韓國，
喀沙
這種店實在很珍貴。
哦～
看起來也很像家常菜。

嘶嘶——
嗯，好吃！
這間店真不錯！
嘶
麵條細而不會太硬。
嘶嘶
嗯嗯！
嗯。
嘶嘶
ズズッ
ズズゥ
嘶呼
嗯。
韓国冷麺
冷面的「湯」才是主角
ランチは ミニビビンバが付きます。
的確很好吃。
好，接下來是叉燒蓋飯……
添加生雞蛋的吃法，
還是第一次嘗試。
蛋黃……
該在哪個階段弄破呢……
不對，如果是韓國人，
鐵定是毫不猶豫的立刻弄破吧。
攪
攪
啊嗯！

哇啊啊！
這個……
遠比我想的還要好吃！
啊嗯
嗯
嗯
嗯。
這樣的組合太厲害了！
嘶嘶
嗯。
啊呼
以日本流端著碗公捧食，
嚼
也相當讚！
每樣菜的味道不會太重，也不會太辣。
哎呀，真是剛剛好的韓國味。
發現一間好店了！
哈啊～
就算不喝酒，
就算不烤肉，
也能吃得很開心。
咕嚕
咕嚕
好啦，
接下來該怎麼辦呢？
拿坡里義大利麵
新橋
離我好遙遠了

第10話——照燒鰤魚定食
東京都澀谷區松濤

啊啊，
天氣真好，
心情也很好。
正因為他在松濤蓋了獨棟建築，
才是個好顧客。
講話很乾脆，又不會小氣巴拉的。
嗯……
11點半啊？
肚子好餓。
這時間對略早的午飯來說剛剛好。
可是，我對這一帶完全不熟。
算了，先往澀谷的方向走，
應該找得到東西吃吧。
咦？
這裡是……

* 約旦的日文發音近似「夜晚」的日文，五郎才開玩笑說日旦大使館。

感覺是家不錯的店喔。
嗯哼。
歡迎光臨。
請問幾位？
啊，
只有我一個人。
好的，那麼先請您選個牌子再進店裡。
咦？
就是這個。
啊！
原來如此，是用這種方式啊？
哇啊！
嗯——
好猶豫啊。
因為是鮮魚店……
生魚片應該很不錯。
不過，
「連骨頭都能吃的秋刀魚味噌煮」，
也很誘人。
嗯……
這個帝王鮭看起來也很吸引人。
不對、不對，
還是要選經過特別調理的煮銀鱈魚雜？
等一下！
這個時候，
砰鏘！
タレが決め手!!
ブリ照焼定食
1000円
就用照燒鰤魚來決勝負！

歡迎光臨。
鰤魚定食一份。
牌子請翻到背面。
ブリ照焼定食
1000円
咦？
如果有對中其中一個號碼，就加送一道小菜。
当たり番号
1458
咦咦，這是什麼啊？
4
啊！
我對中了！
……啊，
又要讓我猶豫不決了。
要選馬鈴薯沙拉？還是褐藻呢？
嗯，
好，就選第一個決勝負吧！
那個，
4號。
好的。請您從這些小菜中選擇一道。
サイドメニュー
・明太子
・涼拌小松菜
・馬鈴薯沙拉
・吻仔魚白蘿蔔泥
・玉子燒
・醋漬褐藻
・納豆
・涼拌豆腐
・生雞蛋
・烤海苔
指
ぴた
那我要明太子。
好的。
哇！

唔，
因為價格昂貴，分量也較少。
早知道該選馬鈴薯沙拉的。
不過，這間店還真有趣。
雨天的對獎號碼還會增加啊？
呵呵，
真好玩，簡直就像大人的零食店。
歡迎光臨。
兩位嗎？請上二樓。
一位的客人，這邊請。
……還有二樓啊？
啊，你今天比較早喔。
秋刀魚味噌煮。
沒對中——

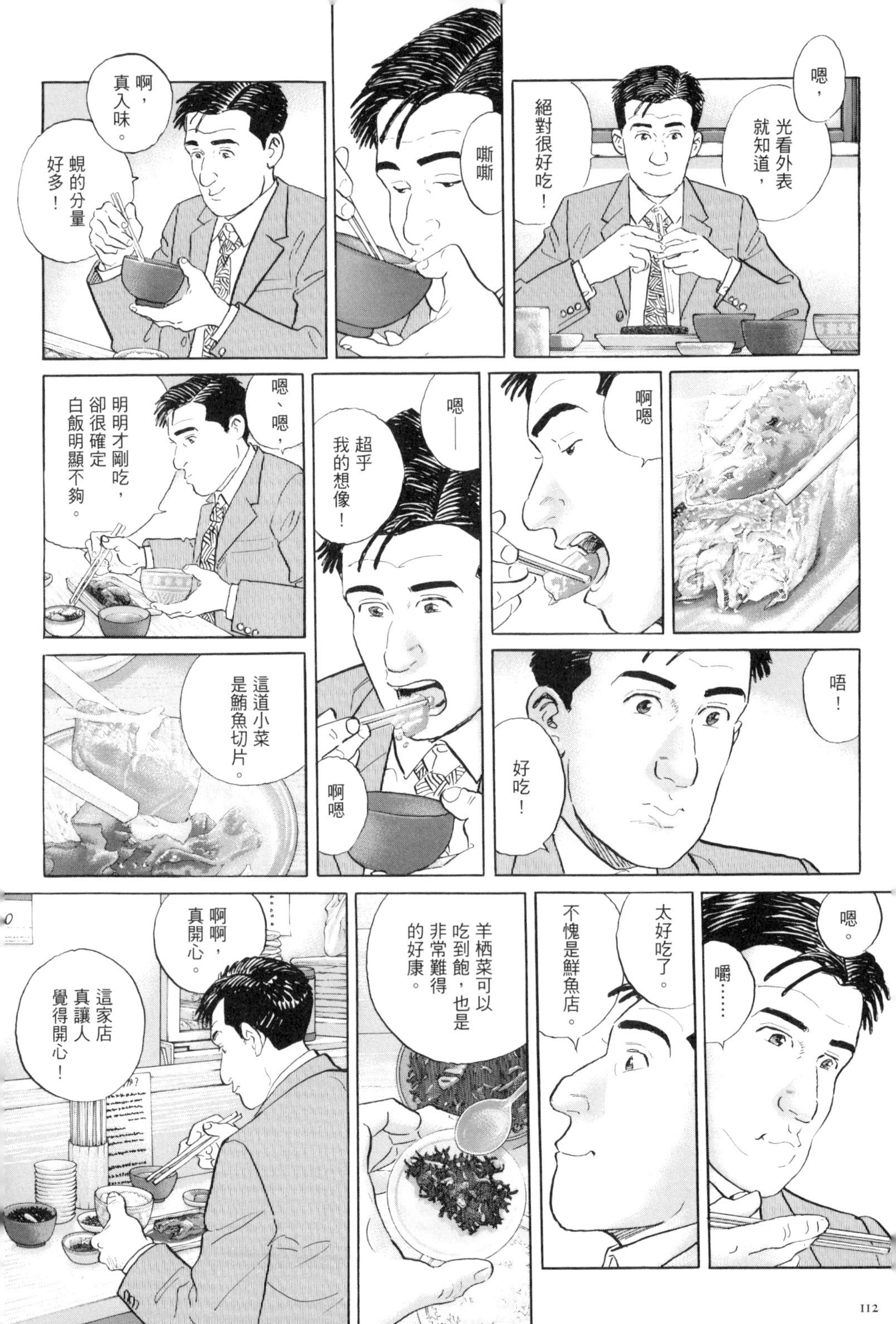
嗯，
光看外表
就知道，
絕對很好吃！
嘶嘶
啊，
真入味。
蜆的分量
好多！
啊嗯
嗯——
超乎
我的想像！
嗯、嗯，
明明才剛吃，
卻很確定
白飯明顯不夠。
唔！
好吃！
啊嗯
這道小菜
是鮪魚切片。
嗯。
嚼……
太好吃了。
不愧是鮮魚店。
羊栖菜可以
吃到飽，也是
非常難得
的好康。
啊啊，
真開心。
這家店
真讓人
覺得開心！

1458
白飯、味噌湯
可以免費續碗
不過，白飯嚴禁打包。
嚴禁食物剩下！如果有剩下的情
將酌收五百元清潔費。
白飯要小碗的人煩請先告知店家。
哦——
嚴禁食物剩下。
這樣挺好的。
上面說的沒錯，如果是日本人，就要把飯吃完！
味噌湯也可以無限續碗，
太讓人安心了！
那個，
請再給我一碗白飯。
好的。
哎呀，每一樣都好好吃。
嚼
雖說分量不多，
明太子看起來就像寶石一樣。
啊嗯
能大口吃飯配好吃的魚，實在太幸福了。
白蘿蔔泥的分量也很讓人驚喜。
很內行喔。
啊啊，
整個人感到好滿足。
完全不馬虎。
羊栖菜。
我用筷子小心挾起照燒鰤魚，享受著用餐的充實感。
嗯，
嗯。

啊——
實在太好吃了。
呼，
結果，需要三碗飯才夠。
啊！
不行，蜆肉還有剩下，
嚼
不吃完實在太浪費了。
嚼
呼～
嚼
唔嗯——
多謝招待。
哪裡。
那麼，一共是1000元。
在距離車站那麼遠的地方，
居然有這樣的名店，真是意想不到的約旦大使館啊～
呃，吃好飽。
好久沒有……
吃得這麼感動了。
哈哈。
下次再來點秋刀魚味噌煮吧……

第11話——豚骨拉麵飯

東京都千代田區大手町

轟隆
天氣還好熱啊。
包括百貨公司在內的大筆生意，終於都敲定了。
或許是景氣的關係，大家都無法乾脆的做決定。
嗯，
已經1點半了。
肚子好餓。
今天也從上午就開始談，
花了好多時間呢。
可是，
這附近根本沒有餐廳。

從大手町搭地下鐵雖然比較快，

但走到東京車站後再換乘卻比較輕鬆。

所以，

午餐就在東京車站內解決吧。

嗯？

這種地方居然開了間拉麵店。

有人會來這種地方吃麵嗎？

博多豚骨拉麵啊？

已經好一陣子沒吃豚麵了。

食慾突然開始沸騰。

是美味的店呢？還是讓人失望的？

看不見裡面，是間需要勇氣才能踏進去的店。

已經無法忍到東京車站了。

呃，又不是便意。

哇啊！

多謝招待……
多謝招待。
嗯，
多謝招待……是嗎？
聽起來不錯。
好……
ガラッ
喀啷
您好，
歡迎光臨。
是用自動販賣機點餐啊？
「精力拉麵」應該是店家最推薦的吧。
店裡看起來都是附近的上班族在用餐
我該不會意外走進一間好店吧？
不過，
我要「貫徹初衷」，毫不猶豫的選擇博多豚骨拉麵！
當然還要加點白飯。
沒錯沒錯，博多拉麵就是要有辣味酸菜跟紅生薑。
這些可是白飯最可靠的夥伴了。

哦，
居然還有香鬆粉。
事情好像突然間變有趣了。
啊，午餐時間點豚骨拉麵，享有附半碗飯或是追加麵條的優惠。
咦？這樣啊？
請問您打算怎麼辦？要取消白飯的點餐嗎？
啊，可以嗎？
當然可以。
那我替您改成附半碗飯。
チャラ
鏘啷
……
博多！要白飯！
好的。
賺到了。
酒瓶……？
小菜拼盤……450元。
嗯哼，這裡到了晚上應該就搖身一變成為居酒屋了吧。
啊，那個罐頭……
是秋刀魚的味噌煮，我很喜歡呢。
不好意思，那個罐頭有在賣嗎？
有的。
馬上替您準備。

呵，
直接開罐上桌就好，還特地裝盤。
呵呵。
吃飯配下酒的小菜，感覺真痛快。
パキ
啪
無法飲酒者的大反擊。
呵呵。
事情的發展變得出乎我的預料。
來這間店真是來對了！
哦~
配上罐頭後，
就變成完整的套餐了。
撒完胡椒後，
加酸菜，
紅生薑，
接著再淋在白飯上。
開動前的準備動作，讓人心情相當愉悅。
我開動了。

呼呼
呼——
呼——
嘶嘶——
嗯
嗯
博多
博多
嚼
嚼
真——的好久沒吃了，果然很好吃。
用筷子分解秋刀魚後，
放在白飯上。
啊嗯
啊啊，我喜歡這個。
真是便宜又好吃，在外面可是很難吃到呢。
正因為是罐頭，才有這種家常小菜的感覺！
啊嗯
辣味酸菜也很棒。
紅生薑跟白飯也很搭。
嘶嘶——
當然，搭豚骨拉麵也很對味。
嗯。
嚼
年輕時，我會加很多紅生薑直到湯汁變紅……哈哈，現在想想還真蠢。
不過罐頭真的是個好東西呢。
嚼
嚼
咬
咬
呼
呼

唔……
不行，白飯不夠吃。
早知道一開始就點白飯了。
不好意思——
我要再追加半碗飯。
好的。
這次改將還沒被汙染的白飯放在湯匙上，
接著舀一口湯。
嘶嘶
唔！
這實在……
看吧，鐵定好吃的。
這次將秋刀魚肉放在飯上，
然後加上紅生薑，
再舀一口湯。
嘶嘶——
嗯，
好吃……這樣吃也很棒。
配菜、拉麵、拉麵的配料、魚罐頭，擁有無限可能的組合。
真是自由自在啊。
嗯……
看來還是要加麵，麵有點少。
不好意思——
我要追加麵。

久等了，
請用。
唔哇！
就加麵而言，這分量也太多了。
吃得完嗎？
哇啊！
光看就覺得飽起來了。
嘶嘶
哈呼
呼呼
嘶嘶
嘶嘶
嘶嘶
唔……
呃，好難受。
麵還剩下一半。
咕嚕
咕嚕
唔。
呃——
不甘心——真的好不甘心，但實在到極限了。
啊，肚子撐到極點了。
我告訴自己沒吃完是果斷的決定——心裡卻難受了起來。
哇啊，
汗都快噴出來了。
好熱……

第12話——漢堡排

東京都荒川區日暮里纖維街

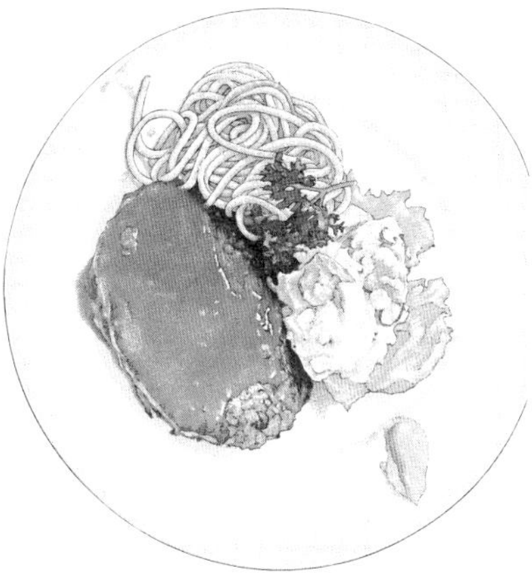

嗯？
壽司跟義大利麵……
這是……
什麼東西？
居然有賣這種組合的餐廳？
以前從沒看過也沒聽過。
唔……
已經餓到有點心神不寧。
該懷著什麼樣的心情走進那家店？
胃可是會陷入進退兩難的局面……是要以壽司胃還是義大利麵胃面對這一餐？
那是水跟油的差別。
肚子明明很餓……
心情卻很微妙。

之前都不知道日暮里車站的東口有這樣的纖維街。
やまよ
哇啊。
布料、布料、到處是布料。
「舞臺服裝企畫、製造、販售」
真的有那麼多舞臺嗎？
日本一
JAPAN
Made in Nippori
嗯，
布料我懂。
是的，
懂得相當透徹。
我只是肚子很餓而已。
冷靜點。
這個樸素到極點的歐巴……不，是婦人也要登臺？
是唱歌嗎？
還是跳舞呢？

啊……
香鬆？
全品10%OFF
SALE
Furikake
フリカケ
香鬆
TEL
這又是什麼？竟然取這種開空腹者玩笑般的店名。*
那料理跟纖維湊在一起不就變成料理纖？
布の街
布の道
不行，已經餓到連想諧音字的力氣也沒了。
話說回來，街上店家的老闆都去哪裡吃飯？
嗯？
咦？
該不會……
洋食
不是吧！
這間店是怎麼回事？
轟隆
轟隆
30

*店名的香鬆，是五郎喜歡用來搭配白飯吃的美味配料。

廢棄屋嗎？
營業中
……不對，還有在營業。
真是奇怪的店，
不過，我真的餓到忍不住了。
好，就這間了！
軋
歡迎光臨。
ハンバーグステーキ 700
ポーク カツレツ 700
チキン カツレツ 700
ヒレ カツレツ 800
ポーク ソテー 800
チキン ソテー 800
ビーフシチュー 900
エビ グラタン 700
ハム オムレツ 600
ハム エッグ 600
カレーライス 550 大盛 700
ハヤシライス 650 〃 800
オムライス 700 〃 850
チキンライス 600 〃 750
ポークライス 650 〃 800
嗯～那應該是漢堡排吧。
在這種奇妙的店內，嚴禁冒險跟挑戰，還是點看起來安全的東西比較保險。
那個看起來挺好吃的。

抱歉，
請給我漢堡排跟大碗的白飯。
好的。
……怎麼回事？
不同於外觀，
室內看起來是極為普通的西餐廳。
清潔、明亮又整齊。
店主人看起來也不像怪人。
……豬肉飯。
這……
カレーライス 550
ハヤシライス 650
オムライス 700
チキンライス 600
ポークライス 650
ハンバーグステーキ 700
〃 インペリアル 750
ポークカツ 700
ポークソテー 800
是什麼……？
火腿飯又是什麼……？
喔！
看起來真不錯！
沒錯沒錯沒錯，我就是想吃這樣的東西！
千萬別慌張！不過，我的心跟胃都為眼前的食物傾倒了！

冷靜點。
切切
唔，
嗯！
這、
這個真好吃。
姑且不論肚子很餓，這真是一道扎實的肉料理。
啊嗯
嗯。
西餐廳的白飯跟日式餐廳或定食店的白飯味道不太一樣。
嚼
嗯。
來了
來了
我最喜歡這種隨餐附上的無配料義大利麵了。
啊嗯
呵呵。
嗯？
嗯嗯？
奇怪？

啊、請問——
漢堡排上沒有雞蛋。
喔，有雞蛋的是……
那個。
它下面的……
至尊漢堡排。
カレーライス 550
ゴールデンカレーライス 600
ハヤシライス 650
オムライス 700
チキンライス 600
ポークライス 650
ハンバーグステーキ 700
〃 インペリアル 750
ポークカツ 700
ポークソテー 800
チキンカツ 700
チキンソテー 800
生姜焼 800
エビフライ 800
咦？
加50元就能變成至尊級的。
……那麼，
請給我火腿蛋。
哦！
火腿很厚耶。
因為沒有附雞蛋，我就更想吃荷包蛋。
是高級品。
剩下的一顆蛋就拿來放在漢堡排上。
嘿咻
哈哈。
這是後來加工的至尊級漢堡排。
啊嗯
嚼
嗯。
好吃！
比原本的至尊級更高檔！

接著，讓雞蛋淋上醬油。
嗯，我覺得……在這間店內，不管吃什麼應該都很美味。
這芥末……
啊嗯
日本的西餐，就是要有醬油跟白飯啊！
啊嗯
用法讓人有些疑惑……
呼……
身心終於都冷靜下來了。
抱歉——
請給我蘇打水。
ハムサラダ
えびフライ
生野菜
吸——
這下午感覺真不可思議。
彷彿被纖維*的狐狸魅惑一樣……
ザ ザ ザ ザ
沙沙

第13話——阿爾及利亞料理

法國巴黎

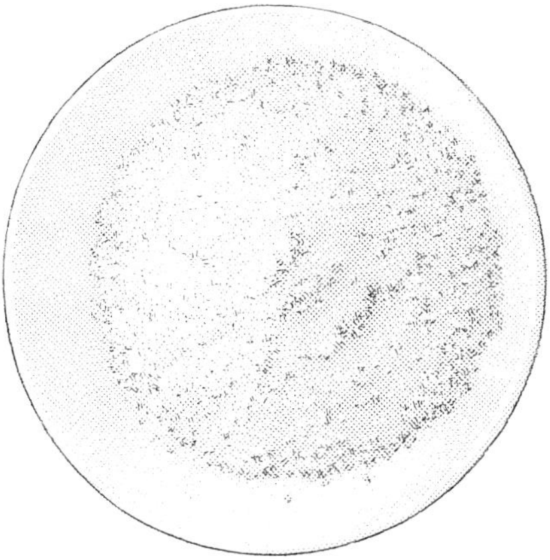

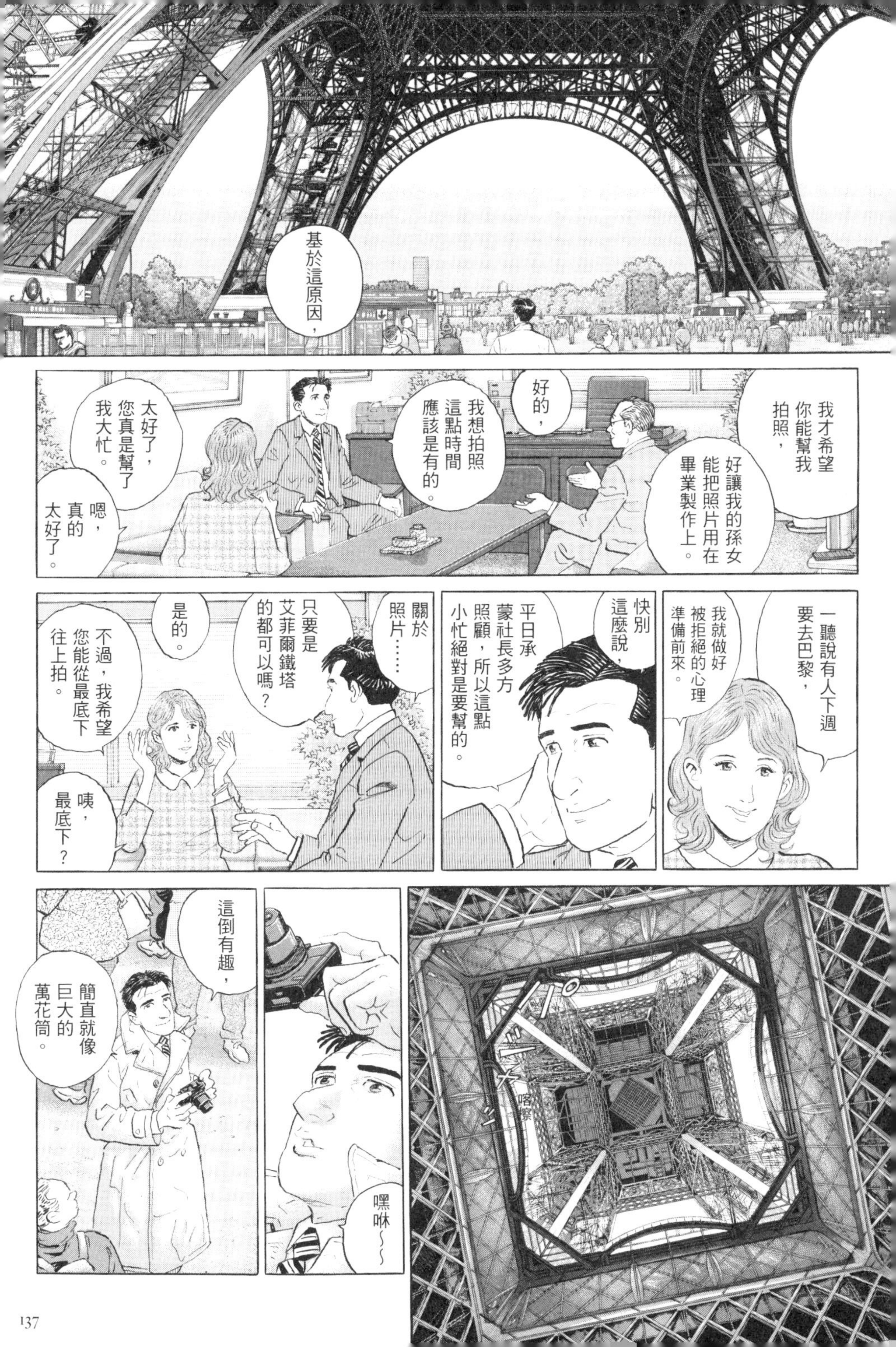
基於這原因，
我才希望你能幫我拍照，
好讓我的孫女能把照片用在畢業製作上。
好的，
我想拍照這點時間應該是有的。
太好了，您真是幫了我大忙。
嗯，真的太好了。
一聽說有人下週要去巴黎，
我就做好被拒絕的心理準備前來。
快別這麼說，
平日承蒙社長多方照顧，所以這點小忙絕對是要幫的。
關於照片……
只要是艾菲爾鐵塔的都可以嗎？
是的。
不過，我希望您能從最底下往上拍。
咦，最底下？
喀嚓
嘿咻～～
這倒有趣，
簡直就像巨大的萬花筒。

哎呀，
年輕人的想法真有趣。
居然打算以那樣的照片為藍本製作織品。
啊，肚子好像餓了起來。
……可是，我又不想到咖啡廳裡吃輕食。
啊，對了。
那間阿爾及利亞食堂……
不曉得還在不在？
轟隆轟隆
プァァァ…
轉搭地下鐵20分鐘後——
來到巴黎內的非洲。
啊啊～
已經幾年沒來了？

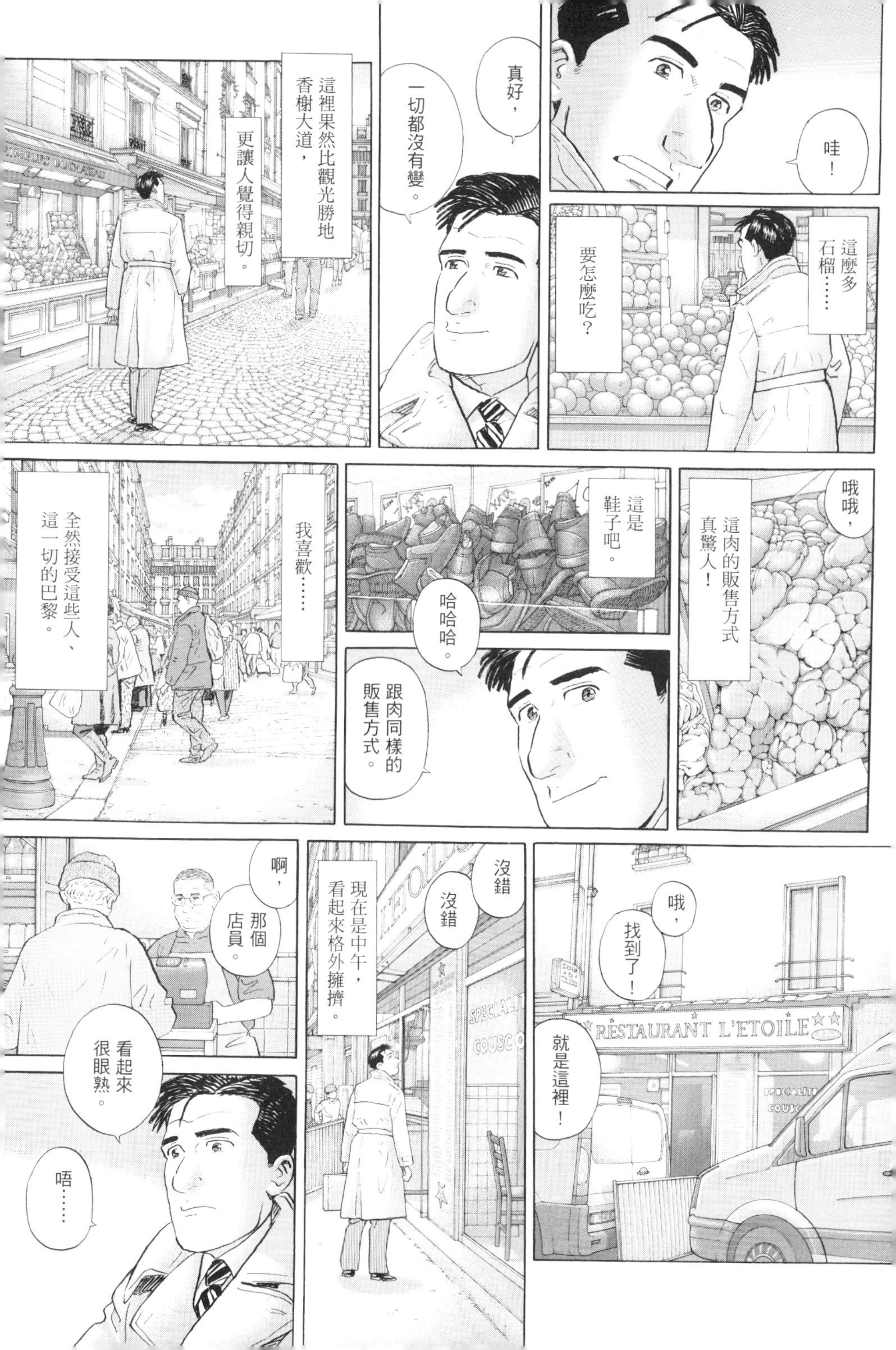

哇！
真好，
一切都沒有變。
這裡果然比觀光勝地香榭大道，
更讓人覺得親切。
這麼多石榴……
要怎麼吃？
哦哦，
這肉的販售方式真驚人！
這是鞋子吧。
哈哈哈。
跟肉同樣的販售方式。
我喜歡……
全然接受這些人、這一切的巴黎。
哦，
找到了！
RESTAURANT L'ETOILE
就是這裡！
沒錯
沒錯
現在是中午，看起來格外擁擠。
啊，
那個店員。
看起來很眼熟。
唔……

Bonjour
Bonjour
他還記得我嗎？
不，不可能會記得。
嗯……
看看有什麼好吃的。
Bonjour monsieur!
啊，
Merci
啊啊，
這種有點乾硬的麵包真好吃。
啊，
糟糕，店外雖然有菜單，裡頭卻沒有。
口感十分扎實。不需要慌張，就邊吃這麵包邊想要吃什麼吧。
咬
嚼
嗯！
好吃，真是庶民的麵包、庶民的麵包！
嚼
對了，如果點庫斯庫斯，店員應該聽得懂。
就點庫斯庫斯吧。
另外……
那是什麼？看起來很好吃。
那個紅色的是什麼？

s'il vous plaît.
Oui
那個，
呃……
and ……
couscous one
啊——
That's ……
……
Tripes?
Oui
and ……
That's red soup.
Oui
Oh!
Oui
Merci
嘿嘿嘿……偷看模仿作戰成功！
and ……
One shish kebab*
?
啊，
Kebab*
不過，店裡的客人幾乎都是歐吉桑呢。
大家都邊看電視邊吃中餐，就跟日本車站前的拉麵店內情景一樣。
獨自用餐的人也很多。

* 烤羊肉串

* 烤肉

燉煮牛胃
蜂窩 紅蘿蔔
馬鈴薯
櫛瓜
小扁豆
法國麵包
呃……
湯太多了。
烤肉串
庫斯庫斯
哈利拉濃湯
番茄 巴西利
羊肉 短義大利麵
檸檬 1/4 個
庫斯庫斯
附的蔬菜湯
而且番茄味太重，蓋過其他食材的味道。
幸好有麵包可以沾，還算ＯＫ。
我開動了。
吃庫斯庫斯時，要像這樣將湯汁跟食材淋在飯上。
然後混合。
啊嗯
……嗯。
這是日本沒有的食感，十足非洲味。
這道湯要先加入檸檬再喝。
唔！
味道真不錯。
就算使勁擠檸檬也沒關係。
嘶嘶
小雪曾經大力稱讚過這道湯。
又酸又美味！
啊啊～
真好喝。
要是小雪來這間店，應該會很開心吧？

乍看之下都是番茄系食物，味道卻全然不同。
完全沒問題，並沒有失敗。
裡頭加了很多蔬菜，實在太棒了。
嘶呼
烤肉串……
咬
嗯！
好吃！
每樣都是日本人喜歡的味道。
——對了，我和小雪會喜歡這裡，
是因為魚肚料理以及沒賣酒這兩點。
也沒有人醉醺醺的。
大家都安靜的用餐。
那是……果汁嗎？我也來喝點什麼吧？
嗯……
待我好好挑選。
買這個喝喝看。
Selecto
33cl
咕嚕
嗯……這是什麼？實在很難判斷這種奇怪的可樂味究竟是好喝還是難喝。
真搞不懂邊喝這個邊吃飯的人到底在想什麼。
挑戰徹底失敗。
嗯~不過，庫斯庫斯的口感還是太貧乏了。
——好想吃白飯。
原來如此，就是那個！至少還有番紅花飯可以點。
s'il vous plaît!

That's ……
Rice please
Oui
呵呵。
這裡真不賴……
就算日語不通，也能安心的用餐。
Riz Perfume
Oui
不管到世界各地，我都是最適合這種店的男人啊！
呀呼——
是飯、是米耶！
嚼
嚼
嗯，雖然是黃色的，但真的是飯，是rice！
到頭來，我們還是得吃飯啊！
主食是米，加上配菜跟湯！
只要有這三個要素，到哪裡都是日本！
呵呵，
感覺真奇妙。
這裡……是哪裡？巴黎沒錯吧？

Eurasian Publishing Group
圓神出版事業機構
用心與你對話・網野無限寬廣
圓神出版社
Eurasian Press
www.booklife.com.tw
reader@mail.eurasian.com.tw
圓神文叢 197

孤獨的美食家2：五郎的異國食光

原　　作／久住昌之
作　　畫／谷口治郎
譯　　者／許慧貞
發 行 人／簡志忠
出 版 者／圓神出版社有限公司
地　　址／台北市南京東路四段50號6樓之1
電　　話／（02）2579-6600・2579-8800・2570-3939
傳　　真／（02）2579-0338・2577-3220・2570-3636
總 編 輯／陳秋月
主　　編／吳靜怡
責任編輯／周奕君
校　　對／周奕君・林儀涵
美術編輯／王琪
行銷企畫／吳幸芳・張鳳儀
印務統籌／劉鳳剛・高榮祥
監　　印／高榮祥
排　　版／陳采淇
經 銷 商／叩應股份有限公司
郵撥帳號／18707239
法律顧問／圓神出版事業機構法律顧問　蕭雄淋律師
印　　刷／國碩印前科技股份有限公司
2016年7月　初版
2024年5月　18刷

定價260元　　ISBN 978-986-133-581-0　

與其說我討厭排隊吃東西，
不如說我不喜歡吃東西時有人在後面等的狀態。
——《孤獨的美食家2：五郎的異國食光》

◆ **很喜歡這本書，很想要分享**

圓神書活網線上提供團購優惠，
或洽讀者服務部 02-2579-6600。

◆ **美好生活的提案家，期待為您服務**

圓神書活網 www.Booklife.com.tw
非會員歡迎體驗優惠，會員獨享累計福利！

國家圖書館出版品預行編目資料

孤獨的美食家2：五郎的異國食光／久住昌之 作；谷口治郎 畫.
-- 初版. -- 臺北市：圓神，2016.07
160面；14.8×20.5公分. --（圓神文叢；197）
ISBN 978-986-133-581-0（平裝）
1.餐飲業 2.漫畫 3.日本

483.8　　105007988